THÉORIE

DE

LA FLANC-GARDE

Par ***

PARIS

LIBRAIRIE MILITAIRE R. CHAPELOT et Cᵉ

IMPRIMEURS-ÉDITEURS

30, Rue et Passage Dauphine, 30

1907

THÉORIE

DE

LA FLANC-GARDE

PARIS — IMPRIMERIE R. CHAPELOT ET Cᵉ, RUE CHRISTINE, 2.

THÉORIE

DE

LA FLANC-GARDE

Par ***

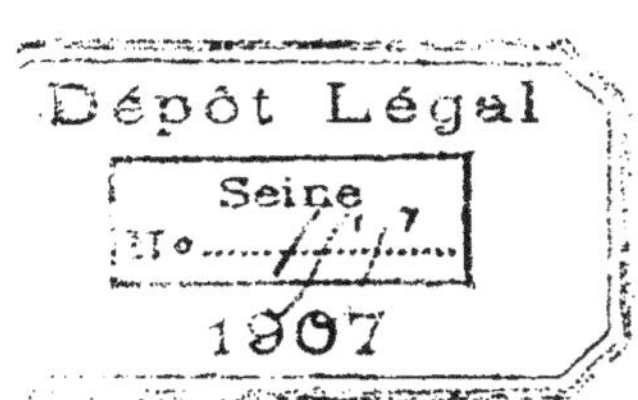

PARIS

LIBRAIRIE MILITAIRE R CHAPELOT et Cᵉ

IMPRIMEURS-ÉDITEURS

30, Rue et Passage Dauphine, 30

—

1907

THÉORIE

DE

LA FLANC-GARDE

La conduite d'une flanc-garde est un des problèmes qui, au cours des manœuvres sur la carte et sur le terrain, sont le plus fréquemment proposés à l'esprit de décision d'un chef de parti.

A bien considérer les solutions diverses que l'on voit généralement adopter, il a paru qu'un exposé doctrinal de la « théorie de la flanc-garde » ne serait pas sans utilité.

Théoriques dans le raisonnement qu'elles utilisent, les pages qui vont suivre ont, néanmoins, la prétention d'aboutir à des notions pratiques d'application facile.

Elles tendent à montrer que le flanc d'une colonne ne se protège, contre un adversaire de toutes armes, ni par le moyen d'un détachement mobile marchant, du côté menacé, parallèlement à la colonne à couvrir, ni par l'essaimement, du même côté, d'une série de postes fixes. Leur but sera entièrement rempli, enfin, si elles réussissent à convaincre quelques-uns de nos camarades que, dans la grande majorité des situations la question est résolue par l'emploi d'une flanc-garde *unique, se fixant, toutes forces réunies*, à des moments dont l'opportunité est de détermination simple, en des points particuliers dont le terrain se charge presque toujours d'imposer le choix.

La flanc-garde est un sacrifice fait à la proximité de l'adversaire. — Lorsqu'un commandant de colonne est dans l'obligation, de par sa mission même, de passer à proximité d'un adversaire capable d'entraver sa marche, il se couvre, du côté dangereux, par une flanc-garde.

Son idéal, et par conséquent sa volonté, est de passer sans combattre avec le maximum de forces : s'il est possible, avec toutes ses forces. La concession qu'il fait en détachant une flanc-garde est donc, au demeurant, un sacrifice, et, à ce titre, la flanc-garde sera toujours constituée économiquement.

Sa force, proportionnée au danger probable — une brigade mixte, par exemple, si l'ennemi peut mettre en ligne une division — n'égalera jamais, en tout cas, celle de l'adversaire.

Rôle de la flanc-garde. — Une flanc-garde n'a pas de victoire à remporter : sa mission est de *gagner du temps,* le temps nécessaire à la colonne protégée pour s'écouler et se mettre hors des atteintes de l'ennemi.

La flanc-garde, d'autre part, son rôle accompli, devra, s'il se peut, laisser le moins de trophées possible entre les mains de l'assaillant. De ces considérations résulte le mode général d'action de la flanc-garde consistant en une attitude défensive destinée à imposer à l'ennemi une somme de retards partiels, autant dire que la flanc-garde doit adopter la forme de combat connue sous le nom de « combat en retraite » [1].

Insuffisance des détachements mobiles. — L'emploi d'un détachement mobile se déplaçant sur une route parallèle à celle de la colonne principale n'est justifié que dans l'hypothèse où cette dernière, étant de faible longueur, est aussi d'écoulement rapide. En ce cas, le détachement de flanc est lui-même d'effectif très réduit et son entière disponibilité peut être regardée comme étant constamment acquise.

Il en est tout autrement lorsqu'il s'agit de protéger, contre les entreprises de l'ennemi, le flanc d'une colonne de division ou de corps d'armée. Si l'on appliquait alors le système du détachechement mobile dans toute sa rigueur, c'est d'une deuxième

---

[1] Il peut arriver que la flanc-garde ait à se comporter autrement, au moins au début de son engagement, mais le cas envisagé ici est le cas normal. Les circonstances spéciales dans lesquelles peut se trouver engagée la flanc-garde seront étudiées plus loin.

division — d'un deuxième corps d'armée — qu'il faudrait disposer pour assurer la protection de la première colonne. Et qui flanc-garderait alors la deuxième?

Au cas où l'on admettrait que le détachement flanquant, réduit à un effectif normal de flanc-garde, peut se répartir en plusieurs fractions sur son itinéraire, alors la protection serait faible partout. Attaquée en tête, au centre ou en queue par des forces qui lui seront, en la circonstance, infiniment supérieures, car elle ne pourra disposer de tous ses moyens qu'après de longues heures, la flanc-garde serait vouée à l'insuccès.

Insuffisance des détachements fixes. — Une série de détachements fixes essaimés sur le flanc dangereux participera de la même impuissance que des flanc-gardes mobiles, pour les mêmes raisons.

Positions théoriques d'une flanc-garde (fig. 1). — Il semble évident que la meilleure manière de protéger le flanc menacé de la colonne A B, dans la partie *a a′* de son trajet est de placer

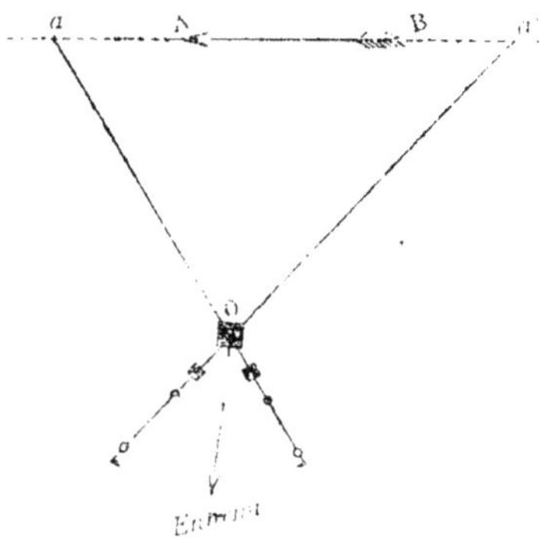

Fig. 1.

une flanc-garde en O, point de passage forcé de l'ennemi. Les nœuds de route commandant les itinéraires utilisables par l'ennemi sont donc des points de stationnement indiqués pour la flanc-garde. Mais ces nœuds de route existent en grand nombre, à plus ou moins grande distance de la colonne A B. Lesquels choisir?

Si l'on ne considérait que la mission de la flanc-garde et son mode d'action, tous deux définis plus haut, on en concluerait qu'il est intéressant de pousser la flanc-garde jusqu'au nœud de routes le plus éloigné de *a a'* et interceptant les directions dangereuses. On disposerait ainsi d'un vaste espace pour manœuvrer en retraite : le parcours même de cette zone serait, à lui seul, une première cause de retard pour l'adversaire.

Mais il faut se rappeler aussi que la flanc-garde sera généralement exposée à subir l'attaque de forces supérieures aux siennes. Il ne faudrait donc pas, en la poussant très loin, l'exposer à soutenir trop longtemps un genre de combat toujours difficultueux et à devenir la proie de l'assaillant, ce qui aurait pour résultat ou bien de découvrir la colonne principale, ou bien d'obliger cette dernière — à l'encontre de sa volonté — à dévier de sa route, en tout ou partie, pour contenir l'ennemi.

Il doit régner une juste harmonie entre la distance séparant la flanc-garde de la colonne à protéger et la durée d'écoulement de cette dernière.

Plus la flanc-garde est forte (ce qui revient à dire : plus la colonne principale est longue et puissante), plus elle peut prendre de champ sans courir de risques graves.

Dans une étude abstraite, il est de toute impossibilité d'exprimer un maximum en chiffres, mais, dans chaque cas concret, la disposition du réseau routier imposera généralement la solution raisonnable.

En revanche, le minimum de cette distance est parfaitement déterminé. Il est au delà des points d'où l'adversaire pourrait fusiller s'il n'a que des fusils, canonner s'il possède des canons, la colonne principale en marche.

Là où elle sera placée, la flanc-garde offrira sa première résistance : plus elle y gagnera de temps, plus sa mission sera, par la suite, écourtée, moins longue sera la durée du combat en retraite. Or, on sait que, même prévu, ce combat est délicat, que le moment où il faut rompre pour ne pas s'engager, malgré soi, dans une lutte inégale exige, de la part du chef, beaucoup de coup d'œil et non moins de caractère ; de la part des troupes, une somme peu commune de qualités manœuvrières et morales.

Une partie de ces épreuves seront évitées si l'on choisit pour la flanc-garde une position naturellement forte se prêtant, en particulier, à l'action éloignée par le feu de l'artillerie et de l'infanterie, ayant, en arrière d'elle, des terrains de même nature où s'installeront les troupes de repli. Les passages d'une vallée, l'entrée d'un défilé, une lisière de bois ou mieux de village possédant un champ de tir étendu et commandant les routes dangereuses sont à rechercher.

Protection d'une longue colonne par une flanc-garde unique (*fig. 2*). — On a dit précédemment qu'une colonne A B se couvrait, sur son flanc exposé, au moyen d'une flanc-garde postée en O pendant tout le temps du trajet *a* B.

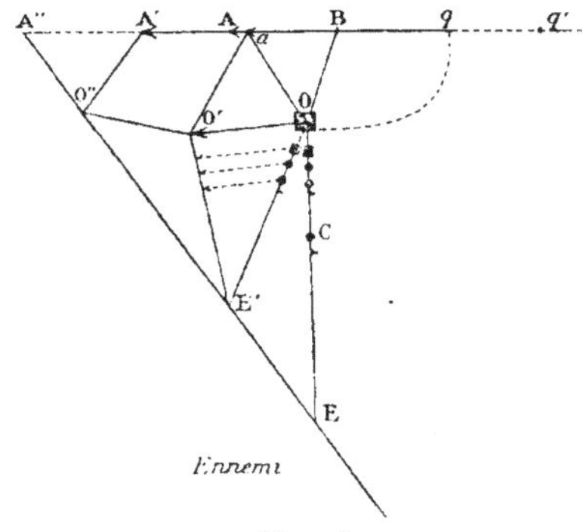

Fig. 2.

Il arrivera bien rarement que la colonne à protéger tienne, tout entière, dans l'espace *a* B que commande le nœud de routes O.

La flanc-garde O, par exemple, si elle couvre la partie *a* B de la colonne laisse, au contraire, découverte la partie A' *a*. Pousserons-nous une nouvelle flanc-garde en O' ? En ce cas, la colonne principale ne s'écoulera plus devant l'ennemi au prix du sacrifice minimum.

Certes, on peut dire que la flanc-garde O rentrera dans la colonne dès le moment où la queue de cette dernière aura franchi le point B ; mais alors la tête sera parvenue dans la portion de route commandée par O", ce qui exigerait la présence d'une flanc-garde en ce point, et ainsi de suite.

Le procédé est donc inapplicable économiquement : nous

allons montrer, d'ailleurs, qu'une seule flanc-garde suffit à tous les besoins pourvu que son chef sache la conduire. Disons toutefois que la méthode ci-dessous décrite repose sur la recherche de renseignements négatifs que la cavalerie va puiser, sur les directions dangereuses, à des distances d'autant plus grandes que la colonne à couvrir est plus considérable. Il en résulte qu'elle n'est pas applicable en les circonstances où l'ennemi est très rapproché de la route de marche de la colonne principale. En ce cas, à un danger plus imminent, correspond la nécessité d'un sacrifice plus considérable se traduisant par l'usage simultané de deux (rarement de plusieurs) flanc-gardes.

Une flanc-garde se meut par bonds à des heures judicieusement calculées. — Qu'il y ait lieu à une ou deux flanc-gardes, chacune d'elles opère, d'ailleurs, dans les conditions qui vont être indiquées ici.

Imaginons que l'ennemi ne se soit pas présenté en O au moment où la queue Q de la colonne principale est à une distance de B telle que $BQ = BO$. La flanc-garde peut — théoriquement — commencer son mouvement pour gagner O', l'ennemi ne pouvant plus désormais joindre la colonne.

Mieux encore : Supposons qu'une patrouille de cavalerie postée en C fasse connaître qu'elle n'aperçoit rien sur les routes E O. E'O. La flanc-garde est en droit de quitter O lorsque la queue de la colonne arrive en Q' tel que $BQ' = BO + OC$, c'est-à-dire de meilleure heure encore que dans le cas précédent.

On voit donc qu'une flanc-garde, bien et largement éclairée, jouit d'une vaste latitude pour effectuer ses mouvements de O vers O', de O' vers O", etc...

S'il arrive même que $BO + OC$ soit égal à la longueur de la colonne, la flanc-garde pourra abandonner le point O à l'instant où la tête de colonne se présentera en B.

La limite de la zone non encore atteinte par l'adversaire permet ainsi au commandant de la flanc-garde de fixer avec une quasi-certitude le moment où, sans danger pour la colonne protégée, il il peut se porter d'un nœud de routes O à un autre nœud de routes O'.

Tout ce qui précède reposant sur un raisonnement mathématique demande à être appliqué, à la guerre, avec tempérament et surtout avec discernement.

Pour parer à l'imprévu, il faut calculer large. Certes une reconnaissance C aperçoit un long ruban de la route C E au delà de son point de stationnement, mais, en revanche, il faut à son renseignement le temps de parvenir à son adresse.

Il n'est pas nécessaire, d'autre part, que l'ennemi atteigne la route de marche de la colonne principale pour être dangereux : arrivé à une portée de canon, il l'est déjà.

Si donc le raisonnement mathématique est de grande utilité à titre d'exposé de principe, il faut savoir lui faire perdre de sa rigidité dans l'application.

On saisit tout l'intérêt qui s'attache à une transmission rapide des renseignements négatifs de la cavalerie : plus les patrouilles de cette arme seront envoyées loin dans les directions dangereuses, plus le service de transmission devra présenter de perfection. Des relais, des bicyclistes, ou mieux encore des motocyclistes, accéléreront la transmission des nouvelles parvenant, à intervalles de temps réguliers, au chef de la flanc-garde.

Il ne paraît pas utile d'insister sur l'importance d'une liaison constante entre la flanc-garde et la colonne à couvrir, si l'on veut bien se rappeler que tout se règle sur la situation exacte de cette dernière.

Les bonds de la flanc-garde se portant de O en O', de O' en O", devront s'effectuer sans perte de temps et de manière aussi que la flanc-garde présente toujours un système défensif complet (toutes forces réunies).

Partant de O où elle était en halte gardée, la flanc-garde dirigera son gros sur O', en formation massée, si cela ne doit en rien retarder la marche.

Les fractions d'infanterie couvrant le gros joueront, pendant ce mouvement, le rôle de détachements de flanc mobiles. Elles seront elles-mêmes protégées par les postes qu'elles avaient en avant d'elles, lesquels se déplaceront sur le côté menacé. La cavalerie de sûreté immédiate, enfin, couvrira la marche de l'ensemble.

De la surveillance à exercer sur les routes qui deviendront ultérieurement dangereuses. — Tout ce qui vient d'être dit sur la flanc-garde postée en O suppose que l'adversaire n'a l'intention d'utiliser que les routes aboutissant à ce point O.

Mais l'ennemi est libre de ses actes; rien ne l'empêche de s'engager sur les directions E'O', E'O″, alors que la flanc-garde, établie en O, l'attend sur EO ou E'O, et, ce faisant, il lui serait loisible de venir, à l'insu de la flanc-garde, couper la route de la colonne principale en A' ou en A″.

On en conclut que la surveillance de la cavalerie doit aussi s'exercer sur les routes qui deviendront ultérieurement dangereuses.

Il est même possible de déterminer, théoriquement, les points extrêmes que doit atteindre cette surveillance sur les routes O'E', O″E'. Il faut que la cavalerie pousse assez loin sur ces directions pour que, à partir du moment où le renseignement annonçant l'approche de l'ennemi est recueilli, la flanc-garde ait le temps d'être avertie, puis de gagner O' ou O″ avant l'adversaire.

Dans la pratique, les reconnaissances de cavalerie surveillant les chemins aboutissant en O' et O″ seront dirigées sur des objectifs aussi rapprochés que possible du gros des forces adverses. Il arrivera fréquemment, d'ailleurs, qu'une seule patrouille, placée en un observatoire bien choisi, puisse surveiller simultanément plusieurs des directions dangereuses.

L'importance de ce service de découverte, en quelque sorte préventif, fait que la place du gros de la cavalerie est généralement en avant de la flanc-garde, dans le sens de la marche de la colonne principale. Nous allons voir que cette disposition offre, en outre, un autre et précieux avantage.

Conduite d'une flanc-garde en face des manifestations diverses de l'ennemi (fig. 3). — Supposons une flanc-garde installée en O, en halte gardée, avec un système de surveillance organisé jusqu'en C, C', C″. Si l'adversaire se présente sur EO avant que le moment soit venu d'abandonner O, la flanc-garde se trouve placée dans le cas normal. C'est, pour elle, un certain temps à gagner, un combat en retraite à exécuter, puis, lorsque la colonne n'aura plus rien à craindre, une rupture de combat.

Mais il se peut que l'ennemi soit signalé comme étant en marche

sur E′O′. En ce cas, que doit faire le chef de la flanc-garde O ?
Il se demandera tout d'abord, s'il doit se porter en O′, en tout ou
partie.

Tout dépendra du degré d'avancement du passage de la colonne
en b. Si la queue de cette dernière est sensiblement plus éloignée
de b que bO + OC, force sera bien de laisser quelque chose en O,
puisque la direction EO demeure encore dangereuse. Soit Q la
queue de la colonne principale et Q′ le point qui, atteint par cette
queue de colonne, libère la flanc-garde et lui permet de se porter,
sans danger, de O en O′.

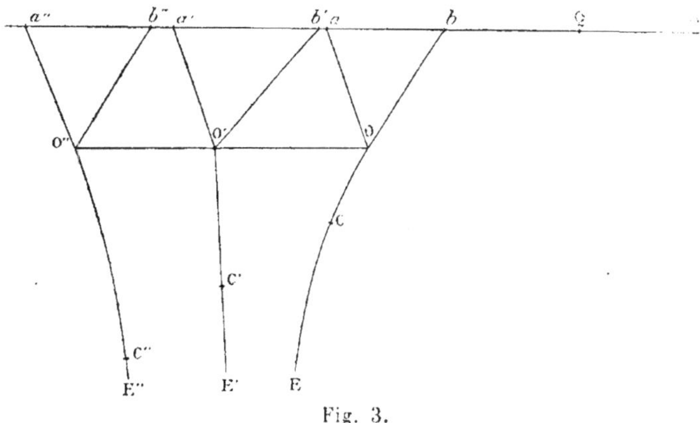

Fig. 3.

Suivant la grandeur de QQ′, le détachement à laisser en O sera
plus ou moins important, mais, en tout cas, c'est contre l'adversaire le plus menaçant, contre celui qui s'achemine de E′ sur O′,
qu'il faudra diriger le maximum des forces de la flanc-garde. Ce
serait une véritable faute que de diviser également ses forces,
quand, de deux dangers, l'un est déjà certain alors que l'autre
est seulement possible.

Le détachement abandonné en O aura bien soin, d'autre part,
de prendre toutes ses dispositions pour rallier promptement,
en O′, le gros de la flanc-garde dès le moment où sa présence
en O aura cessé d'être utile.

Imaginons donc que la flanc-garde, en tout ou en majeure
partie, se soit portée de O dans la direction de O′, à l'annonce
de la marche de l'ennemi de E′ vers O′.

Si les précautions indiquées plus haut relativement à la surveillance des directions ultérieurement dangereuses ont pu être prises, la flanc-garde parviendra en O' avant l'ennemi.

Elle retombe alors dans le cas normal et nous n'avons pas à insister.

Mais s'il en est autrement, si la surveillance n'a pu être poussée assez loin ou si elle a été défectueuse, il peut arriver que l'adversaire ait des chances de se présenter en O avant la flanc-garde. Et cependant c'est en O' que, de par la nature même du terrain et du réseau routier, la flanc-garde disposera de la possibilité d'opposer à des forces adverses, mêmes supérieures, la meilleure et la plus utile résistance. C'est donc en O' qu'il faut tenter d'aller malgré l'ennemi : la chose devient facile si l'on réussit à retarder la progression de cet ennemi vers O'.

C'est à sa cavalerie que la flanc-garde demandera ce service. Placés normalement, ainsi que nous l'avons vu précédemment, dans le sens de la marche de la colonne principale, il semble que, grâce à la vitesse de leurs allures, les escadrons soient capables de remplir cette mission.

Ils se porteront au-devant de l'adversaire et, par une série de combats à pied, au cours desquels ils se garderont bien de se laisser approcher de trop près, ils obligeront l'ennemi à se déployer en partie, à manœuvrer, à s'attarder enfin devant un rideau mobile de carabines qui fuit l'attaque rapprochée et va se reconstituer plus loin. Quelques quarts d'heure ainsi gagnés permettront à la flanc-garde d'atteindre O' et de se replacer dans une situation normale.

Il va sans dire qu'au cas où la cavalerie disposerait d'artillerie à cheval, elle n'en remplirait que plus sûrement sa mission retardatrice.

On conclura de cette discussion que les flanc-gardes doivent être largement pourvues en cavalerie et qu'on doit leur attacher, s'il se peut, une ou deux batteries à cheval.

En dernière analyse, si, malgré toutes les précautions de surveillance prises, malgré tous les efforts de la cavalerie, l'ennemi parvient en O' avant la flanc-garde, cette dernière n'a plus qu'un argument : l'attaque. Il n'existe qu'un procédé permettant d'arrêter l'adversaire dans sa marche vers la colonne principale, l'attaque vigoureuse, énergique, poussée à fond. Il y aura d'autant plus d'intérêt à se montrer très offensif, en cette circonstance, que l'avance de l'ennemi sera généralement faible et que les moyens dont il pourra disposer seront encore restreints.

Le commandant de la flanc-garde ne perdra pas de vue, d'autre part, qu'il ne s'agit pas pour lui de gagner une bataille mais d'obtenir simplement l'interposition de sa troupe entre l'adversaire et la colonne à couvrir : il manœuvrera en conséquence et ne se montrera si nettement offensif que pour pouvoir devenir, l'interposition une fois réalisée, non moins volontairement défensif. A partir de ce moment, son mode d'action redeviendra le combat en retraite.

Secours qu'une flanc-garde doit attendre de la colonne principale. — La force d'une flanc-garde est toujours calculée à la taille de la mission qui lui est confiée : fonction du danger à craindre, elle est ordinairement comprise entre les deux tiers et la moitié de l'effectif que l'ennemi est supposé capable de mettre en ligne. On lui donnera, s'il se peut, la supériorité sur l'adversaire en cavalerie et en artillerie à cheval.

Ainsi constituée, elle doit assurer l'entière liberté de marche de *tous* les éléments de la colonne principale. Il en résulte qu'en principe, elle ne doit attendre *aucun* secours de cette colonne. Ce n'est qu'exceptionnellement, par suite de circonstances tout à fait imprévues, qu'il peut être dérogé à cette règle.

En ce cas, la première arme à envoyer en soutien de la flanc-garde est l'artillerie dont l'engagement ne saurait entraîner le commandement au delà de ses prévisions et dont la vitesse de marche assure le retour à la colonne, l'œuvre nécessaire une fois accomplie.

Si l'on peut, ce sont des escadrons que l'on donnera comme escorte aux batteries de renfort.

Ce n'est qu'à toute extrémité, alors que la flanc-garde, acculée à la dernière position qu'elle ne peut plus abandonner à l'ennemi sans découvrir la colonne protégée, a engagé toutes ses forces, qu'il faut l'appuyer par de l'infanterie tirée de la colonne principale.

Du cas où l'ennemi dispose d'une cavalerie très supérieure. — La théorie qui vient d'être exposée suppose que l'ennemi comprend surtout de l'infanterie et de l'artillerie : on a vu, en effet, que tous nos calculs de marche étaient basés sur la vitesse de translation de la colonne à couvrir. Ils n'ont plus de signification vis-à-vis d'un adversaire à cheval que sa mobilité rend, d'ailleurs, entièrement apte à éviter les points de stationnement momentanés de la flanc-garde.

Si donc l'ennemi comprend des troupes de toutes armes, et, en particulier, une cavalerie supérieure, on se garera contre les entreprises de l'infanterie et de l'artillerie montée adverses par le moyen d'une flanc-garde ; quant à la cavalerie ennemie, la colonne principale devra se préserver directement de ses atteintes.

A cet effet, elle se constituera de petits détachements de flanc mobiles, cheminant sur un itinéraire parallèle au sien et séparé de ce dernier par un intervalle de 2 ou 4 kilomètres suivant que les escadrons adverses n'ont que des carabines ou possèdent de l'artillerie à cheval. Ces détachements se suivront à des distances variables (entre 1000 et 1500 mètres) leur permettant de croiser leurs feux et d'interdire ainsi aux cavaliers de l'adversaire l'accès du terrain intermédiaire entre eux et la colonne principale.

Dans le cas où l'on saurait d'avance que l'ennemi est tout entier constitué en cavalerie (avec ou sans artillerie à cheval), la flanc-garde deviendrait inutile : tout le rôle de protection serait alors assumé par des détachements de flanc mobiles.

Il va sans dire que dans toute marche de flanc, il y a le plus grand intérêt à diminuer au maximum la durée d'écoulement de la colonne principale : on fera donc doubler la formation de marche, aussi souvent que la largeur de la route rendra ce doublement possible.

On y trouvera l'avantage de restreindre le nombre des détachements de flanc mobiles que l'inconnu des situations de guerre obligera, presque toujours, à constituer, en outre d'une flanc-garde.

RÉSUMÉ

En résumé, le rôle de la flanc-garde est de *gagner du temps*.

Dans tel cas, ce temps sera nul, et la flanc-garde pourra — et devra — se retirer sans faire face à l'adversaire ; dans tel autre, il lui faudra tenir pendant un temps limité puis rompre le combat ; dans tel autre enfin, la flanc-garde ayant sérieusement combattu en retraite parviendra sur une position dernière qu'il ne lui sera plus permis d'abandonner sous peine de découvrir la colonne défilant en arrière. Son devoir lui commandera d'engager alors jusqu'à son dernier homme.

Les déplacements d'une flanc-garde sont subordonnés à la position exacte de la colonne à couvrir et à l'absence (ou la présence) de l'ennemi dans une certaine zone.

Le renseignement négatif *pris à distance* couvre une colonne autant, et mieux même, qu'une troupe capable de résistance.

La place du gros de la cavalerie, sur l'itinéraire de la flanc-garde, se trouve au delà de cette dernière, dans le sens de la marche : les reconnaissances poussent aussi loin que possible, vers l'ennemi, et leurs renseignements utilisent, pour parvenir, les procédés les plus rapides.

Si, avec une force suffisante de cavalerie, la flanc-garde dispose d'artillerie à cheval, elle n'en est que plus apte à remplir sa mission.

Un bon commandant de flanc garde est toujours en mesure, quelle que soit la direction prise par l'ennemi, d'opposer *toutes ses forces* à l'adversaire.

Contre les entreprises directes de la cavalerie, accompagnée ou non d'artillerie à cheval, une colonne se protège au moyen de détachements de flanc mobiles.

Des principes en tactique. — Il arrive fréquemment que les directeurs de manœuvres ont recours, dans leurs critiques, aux principes tactiques pour montrer qu'en les violant les exécutants ont commis une ou plusieurs fautes.

Cette manière de faire, dont le premier résultat est de transformer le principe en une loi de valeur absolue et d'application nécessaire, présente des inconvénients, car elle peut, en certains cas, conduire à des erreurs graves.

Qu'est-ce, en effet, qu'un principe et comment s'est-il fondé ? On peut dire qu'il est une conséquence de l'expérience acquise ou, plus exactement, des expériences tentées[1]. Plus explicitement, supposons que nous venions à étudier les exemples d'attitude d'une flanc-garde que nous offrent l'histoire des guerres ou les épisodes des manœuvres sur la carte et sur le terrain.

Nous arriverons à conclure de cette étude que, dans huit situations sur dix, pour fixer les idées, le mode d'action de la flanc-garde a été défensif.

Nous édifierons alors un principe que nous exprimerons en disant : l'attitude de la flanc-garde, comme sa mission globale, *doit* être défensive.

Il appert, de la manière même dont ce principe a été établi, qu'en faisant cette généralisation nous outrepassons notre droit et que, en deux circonstances sur dix, l'application rigoureuse du principe conduirait à une fausse manœuvre.

Le chef placé en face d'une situation de guerre qu'il lui faut résoudre sur l'heure ne saurait donc être sauvé par l'appel à un principe, car son cas peut être le cas exceptionnel.

Il faut qu'il trouve en soi-même, dans une vision nette des données de la question, les éléments déterminants de la conduite à observer.

Est-ce à dire que les principes sont inutiles ?

Certes, appliqués sans discernement, ils peuvent être non seulement sans valeur mais quelquefois dangereux : cependant, de même qu'un alpiniste à ses débuts ne se lance pas dans une excursion périlleuse sans se faire accompagner d'un bon guide, de même le néophyte en fait de tactique ne négligera pas de

---

[1] Il est aussi quelquefois le fruit du raisonnement ; l'étude qu'on vient de lire en est une preuve.

mettre son inexpérience sous la protection des principes, laquelle s'exerce avec succès dans la *majorité* des circonstances.

Mais, de même aussi que notre alpiniste, à la suite d'expériences de plus en plus répétées, finit par acquérir le sens de la montagne au point d'escalader, *seul*, des sommets dont il n'eût pas osé, naguère et fort raisonnablement, affronter l'ascension, de même l'officier persévérant finit par acquérir le sens tactique. Il peut et doit alors se priver des services que lui ont autrefois rendus ses guides, les principes.

A la suite de l'étude théorique sur la flanc-garde que nous avons exposée plus haut, nous devions ces explications au lecteur, car elles lui montreront, par la valeur relative que nous accordons aux principes eux-mêmes que nous n'attachons à nos conclusions qu'une vertu, celle d'être vraies, *généralement*, c'est-à-dire dans la majorité des cas envisagés.

PARIS. — IMPRIMERIE R. CHAPELOT ET Cᵒ, 2, RUE CHRISTINE.